矿山救援规程

（2024）

中华人民共和国应急管理部

矿山救援规程　2024

出版发行　应急管理出版社（北京市朝阳区芍药居 35 号 100029）
电　　话　010-84657898(总编室) 010-84657880(读者服务部)
网　　址　www. cciph. com. cn
印　　刷　三河市中晟雅豪印务有限公司
经　　销　全国新华书店

开　　本　850mm×1168mm 1/64　印张　3　字数　48 千字
版　　次　2024 年 5 月第 1 版　2024 年 5 月第 1 次印刷
标准书号　ISBN 978-7-5237-0560-5/TD77-65
社内编号　20240488　　定价　29.00 元

中华人民共和国应急管理部令

第16号

《矿山救援规程》已经2024年4月15日应急管理部第12次部务会议审议通过，现予公布，自2024年7月1日起施行。

部长 王祥喜

2024年4月28日

目　录

第一章　总　　则

第一条　为了快速、安全、有效处置矿山生产安全事故，保护矿山从业人员和应急救援人员的生命安全，根据《中华人民共和国安全生产法》《中华人民共和国矿山安全法》和《生产安全事故应急条例》《煤矿安全生产条例》等有关法律、行政法规，制定本规程。

第二条　在中华人民共和国领域内从事煤矿、金属非金属矿山及尾矿库生产安全事故应急救援工作（以下统称矿山救援工作），适用本规程。

第三条 矿山救援工作应当以人为本，坚持人民至上、生命至上，贯彻科学施救原则，全力以赴抢救遇险人员，确保应急救援人员安全，防范次生灾害事故，避免或者减少事故对环境造成的危害。

第四条 矿山企业应当建立健全应急值守、信息报告、应急响应、现场处置、应急投入等规章制度，按照国家有关规定编制应急救援预案，组织应急救援演练，储备应急救援装备和物资，其主要负责人对本单位的矿山救援工作全面负责。

第五条 矿山救援队（矿山救护

队，下同）是处置矿山生产安全事故的专业应急救援队伍。所有矿山都应当有矿山救援队为其服务。

矿山企业应当建立专职矿山救援队；规模较小、不具备建立专职矿山救援队条件的，应当建立兼职矿山救援队，并与邻近的专职矿山救援队签订应急救援协议。专职矿山救援队至服务矿山的行车时间一般不超过30分钟。

县级以上人民政府有关部门根据实际需要建立的矿山救援队按照有关法律法规的规定执行。

第六条　矿山企业应当及时将本单位矿山救援队的建立、变更、撤销和驻地、服务范围、主要装备、人员编制、主要负责人、接警电话等基本情况报送所在地应急管理部门和矿山安全监察机构。

第七条 矿山企业应当与为其服务的矿山救援队建立应急通信联系。煤矿、金属非金属矿山及尾矿库企业应当分别按照《煤矿安全规程》《金属非金属矿山安全规程》《尾矿库安全规程》有关规定向矿山救援队提供必要、真实、准确的图纸资料和应急救援预案。

第八条 发生生产安全事故后，矿山企业应当立即启动应急救援预案，采取措施组织抢救，全力做好矿山救援及相关工作，并按照国家有关规定及时上报事故情况。

第九条 矿山救援队应当坚持“加强准备、严格训练、主动预防、积极抢救”的工作原则；在接到服务矿山企业的救援通知或者有关人民政府及相关部门的救援命令后，应当立即参加事故灾害应急救援。

第二章　矿山救援队伍

第一节　组织与任务

第十条　专职矿山救援队应当符合下列规定：

（一）根据服务矿山的数量、分布、生产规模、灾害程度等情况和矿山救援工作需要，设立大队或者独立中队；

（二）大队和独立中队下设办公、

战训、装备、后勤等管理机构，配备相应的管理和工作人员；

（三）大队由不少于 2 个中队组成，设大队长 1 人、副大队长不少于 2 人、总工程师 1 人、副总工程师不少于 1 人；

（四）独立中队和大队所属中队由不少于 3 个小队组成，设中队长 1 人、副中队长不少于 2 人、技术员不少于 1 人，以及救援车辆驾驶、仪器维修和氧气充填人员；

（五）小队由不少于 9 人组成，设正、副小队长各 1 人，是执行矿山救援工作任务的最小集体。

第十一条　专职矿山救援队应急救

援人员应当具备下列条件：

（一）熟悉矿山救援工作业务，具有相应的矿山专业知识；

（二）大队指挥员由在中队指挥员岗位工作不少于 3 年或者从事矿山生产、安全、技术管理工作不少于 5 年的人员担任，中队指挥员由从事矿山救援工作或者矿山生产、安全、技术管理工作不少于 3 年的人员担任，小队指挥员由从事矿山救援工作不少于 2 年的人员担任；

（三）大队指挥员年龄一般不超过 55 岁，中队指挥员年龄一般不超过 50 岁，小队指挥员和队员年龄一般不超过 45 岁；根据工作需要，允许保留少数

（不超过应急救援人员总数的 1/3）身体健康、有技术专长、救援经验丰富的超龄人员，超龄年限不大于 5 岁；

（四）新招收的队员应当具有高中（中专、中技、中职）以上文化程度，具备相应的身体素质和心理素质，年龄一般不超过 30 岁。

第十二条　专职矿山救援队的主要任务是：

（一）抢救事故灾害遇险人员；

（二）处置矿山生产安全事故及灾害；

（三）参加排放瓦斯、启封火区、反风演习、井巷揭煤等需要佩用氧气呼吸器作业的安全技术工作；

（四）做好服务矿山企业预防性安全检查，参与消除事故隐患工作；

（五）协助矿山企业做好从业人员自救互救和应急知识的普及教育，参与服务矿山企业应急救援演练；

（六）承担兼职矿山救援队的业务指导工作；

（七）根据需要和有关部门的救援命令，参与其他事故灾害应急救援工作。

第十三条　兼职矿山救援队应当符合下列规定：

（一）根据矿山生产规模、自然条件和灾害情况确定队伍规模，一般不少于 2 个小队，每个小队不少于 9 人；

（二）应急救援人员主要由矿山生

产一线班组长、业务骨干、工程技术人员和管理人员等兼职担任；

（三）设正、副队长和装备仪器管理人员，确保救援装备处于完好和备用状态；

（四）队伍直属矿长领导，业务上接受矿总工程师（技术负责人）和专职矿山救援队的指导。

第十四条　兼职矿山救援队的主要任务是：

（一）参与矿山生产安全事故初期控制和处置，救助遇险人员；

（二）协助专职矿山救援队参与矿山救援工作；

（三）协助专职矿山救援队参与矿

山预防性安全检查和安全技术工作；

（四）参与矿山从业人员自救互救和应急知识宣传教育，参加矿山应急救援演练。

第十五条 矿山救援队应急救援人员应当遵守下列规定：

（一）热爱矿山救援事业，全心全意为矿山安全生产服务；

（二）遵守和执行安全生产和应急救援法律、法规、规章和标准；

（三）加强业务知识学习和救援专业技能训练，适应矿山救援工作需要；

（四）熟练掌握装备仪器操作技能，做好装备仪器的维护保养，保持装备完好；

（五）按照规定参加应急值班，坚守岗位，随时做好救援出动准备；

（六）服从命令，听从指挥，积极主动完成矿山救援等各项工作任务。

第二节 建设与管理

第十六条 矿山救援队应当加强标准化建设。标准化建设的主要内容包括组织机构及人员、装备与设施、培训与训练、业务工作、救援准备、技术操作、现场急救、综合体质、队列操练、综合管理等。

第十七条 矿山救援队应当按照有关标准和规定使用和管理队徽、队旗，统一规范着装并佩戴标志标识；加强思想政治、职业作风和救援文化建设，强化救援理念、职责和使命教育，遵守礼节礼仪，严肃队容风纪；服从命令、听从指挥，保持高度的组织性、纪律性。

第十八条 专职矿山救援队的日常管理包括下列内容：

（一）建立岗位责任制，明确全员岗位职责；

（二）建立交接班、学习培训、训练演练、救援总结讲评、装备管理、内务管理、档案管理、会议、考勤和评比检查等工作制度；

（三）设置组织机构牌板、队伍部署与服务区域矿山分布图、值班日程表、接警记录牌板和评比检查牌板，值班室配置录音电话、报警装置、时钟、接警和交接班记录簿；

（四）制定年度、季度和月度工作计划，建立工作日志和接警信息、交接班、事故救援、装备设施维护保养、学习与总结讲评、培训与训练、预防性安全检查、安全技术工作等工作记录；

（五）保存人员信息、技术资料、救援报告、工作总结、文件资料、会议材料等档案资料；

（六）针对服务矿山企业的分布、灾害特点及可能发生的生产安全事故类型等情况，制定救援行动预案，并与服务矿山企业的应急救援预案相衔接；

（七）营造功能齐备、利于应急、秩序井然、卫生整洁并具有浓厚应急救援职业文化氛围的驻地环境；

（八）集体宿舍保持整洁，不乱放杂物、无乱贴乱画，室内物品摆放整齐，墙壁悬挂物品一条线，床上卧具叠放整齐一条线，保持窗明壁净；

（九）应急救援人员做到着装规范、配套、整洁，遵守作息时间和考勤制度，举止端正、精神饱满、语言文明，常洗澡、常理发、常换衣服，患病应当早报告、早治疗。

兼职矿山救援队的日常管理可以结合矿山企业实际，参照本条上述内容执行。

第十九条　矿山救援队应当建立24小时值班制度。大队、中队至少各由1名指挥员在岗带班。应急值班以小队为单位，各小队按计划轮流担任值班小队和待机小队，值班和待机小队的救援装备应当置于矿山救援车上或者便于快速取用的地点，保持应急准备状态。

第二十条　矿山救援队执行矿山救援任务、参加安全技术工作和开展预防性安全检查时，应当穿戴矿山救援防护服装，佩带并按规定佩用氧气呼吸器，携带相关装备、仪器和用品。

第二十一条　任何人不得擅自调动专职矿山救援队、救援装备物资和救援车辆从事与应急救援无关的活动。

第三章　救援装备与设施

第二十二条　矿山救援队应当配备处置矿山生产安全事故的基本装备（见附录1至附录5），并根据救援工作实际需要配备其他必要的救援装备，积极采用新技术、新装备。

第二十三条　矿山救援队值班车辆应当放置值班小队和小队人员的基本装备。

第二十四条　矿山救援队应当根据服务矿山企业实际情况和可能发生的生

产安全事故，明确列出处置各类事故需要携带的救援装备；需要携带其他装备赴现场的，由带队指挥员根据事故具体情况确定。

第二十五条　救援装备、器材、防护用品和检测仪器应当符合国家标准或者行业标准，满足矿山救援工作的特殊需要。各种仪器仪表应当按照有关要求定期检定或者校准。

第二十六条　矿山救援队应当定期检查在用和库存救援装备的状况及数量，做到账、物、卡“三相符”，并及时进行报废、更新和备品备件补充。

第二十七条　专职矿山救援队应当建有接警值班室、值班休息室、办公室、会议室、学习室、电教室、装备室、修理室、氧气充填室、气体分析化验室、装备器材库、车库、演习训练场所及设施、体能训练场所及设施、宿舍、浴室、食堂等。

兼职矿山救援队应当设置接警值班室、学习室、装备室、修理室、装备器材库、氧气充填室和训练设施等。

第二十八条 氧气充填室及室内物品和相关操作应当符合下列要求：

（一）氧气充填室的建设符合安全要求，建立严格的管理制度，室内使用防爆设施，保持通风良好，严禁烟火，严禁存放易燃易爆物品；

（二）氧气充填泵由培训合格的充

填工按照规程进行操作；

（三）氧气充填泵在 20 兆帕压力时，不漏油、不漏气、不漏水、无杂音；

（四）氧气瓶实瓶和空瓶分别存放，标明充填日期，挂牌管理，并采取防止倾倒措施；

（五）定期检查氧气瓶，存放氧气瓶时轻拿轻放，距暖气片或者高温点的距离在 2 米以上；

（六）新购进或者经水压试验后的氧气瓶，充填前进行 2 次充、放氧气后，方可使用。

第二十九条　矿山救援队使用氧气瓶、氧气和氢氧化钙应当符合下列要求：

（一）氧气符合医用标准；

（二）氢氧化钙每季度化验 1 次，二氧化碳吸收率不得低于 33%，水分在 16% 至 20% 之间，粉尘率不大于 3%，使用过的氢氧化钙不得重复使用；

（三）氧气呼吸器内的氢氧化钙，超过 3 个月的必须更换，否则不得使用；

（四）使用的氧气瓶应当符合国家规定标准，每 3 年进行除锈（垢）清洗和水压试验，达不到标准的不得使用。

第三十条 气体分析化验室应当能够分析化验矿井空气和灾变气体中的氧气、氮气、二氧化碳、一氧化碳、甲烷、乙烷、丙烷、乙烯、乙炔、氢气、二氧化硫、硫化氢和氮氧化物等成分，保持室内整洁，温度在15至23摄氏度之间，严禁使用明火。气体分析化验仪器设备不得阳光曝晒，保持备品数量充足。

化验员应当及时对送检气样进行分析化验，填写化验单并签字，经技术负责人审核后提交送样单位，化验单存根保存期限不低于2年。

第三十一条　矿山救援队的救援装备、车辆和设施应当由专人管理，定期检查、维护和保养，保持完好和备用状态。救援装备不得露天存放，救援车辆应当专车专用。

第四章　救援培训与训练

第三十二条　矿山企业应当对从业人员进行应急教育和培训，保证从业人员具备必要的应急知识，掌握自救互救、安全避险技能和事故应急措施。

矿山救援队应急救援人员应当接受应急救援知识和技能培训，经培训合格后方可参加矿山救援工作。

第三十三条　矿山救援队应急救援人员的培训时间应当符合下列规定：

（一）大队指挥员及战训等管理机

构负责人、中队正职指挥员及技术员的岗位培训不少于 30 天（144 学时），每两年至少复训一次，每次不少于 14 天（60 学时）；

（二）副中队长，独立中队战训等管理机构负责人，正、副小队长的岗位培训不少于 45 天（180 学时），每两年至少复训一次，每次不少于 14 天（60 学时）；

（三）专职矿山救援队队员、战训等管理机构工作人员的岗位培训不少于 90 天（372 学时），编队实习 90 天，每年至少复训一次，每次不少于 14 天（60 学时）；

（四）兼职矿山救援队应急救援人

员的岗位培训不少于45天（180学时），每年至少复训一次，每次不少于14天（60学时）。

第三十四条 矿山救援培训应当包括下列主要内容：

（一）矿山安全生产与应急救援相关法律、法规、规章、标准和有关文件；

（二）矿山救援队伍的组织与管理；

（三）矿井通风安全基础理论与灾变通风技术；

（四）应急救援基础知识、基本技能、心理素质；

（五）矿山救援装备、仪器的使用

与管理；

（六）矿山生产安全事故及灾害应急救援技术和方法；

（七）矿山生产安全事故及灾害遇险人员的现场急救、自救互救、应急避险、自我防护、心理疏导；

（八）矿山企业预防性安全检查、安全技术工作、隐患排查与治理和应急救援预案编制；

（九）典型事故灾害应急救援案例研究分析；

（十）应急管理与应急救援其他相关内容。

第三十五条　矿山企业应当至少每半年组织1次生产安全事故应急救援预

案演练，服务矿山企业的矿山救援队应当参加演练。演练计划、方案、记录和总结评估报告等资料保存期限不少于2年。

第三十六条 矿山救援队应当按计划组织开展日常训练。训练应当包括综合体能、队列操练、心理素质、灾区环境适应性、救援专业技能、救援装备和仪器操作、现场急救、应急救援演练等主要内容。

第三十七条 矿山救援大队、独立中队应当每年至少开展1次综合性应急救援演练，内容包括应急响应、救援指挥、灾区探察、救援方案制定与实施、协同联动和突发情况应对等；中队应当每季度至少开展1次应急救援演练和高温浓烟训练，内容包括闻警出动、救援准备、灾区探察、事故处置、抢救遇险人员和高温浓烟环境作业等；小队应当每月至少开展1次佩用氧气呼吸器的单项训练，每次训练时间不少于3小时；兼职矿山救援队应当每半年至少进行1次矿山生产安全事故先期处置和遇险人员救助演练，每季度至少进行1次佩用氧气呼吸器的训练，时间不少于3小时。

第三十八条 安全生产应急救援机构应当定期组织举办矿山救援技术竞赛。鼓励矿山救援队参加国际矿山救援技术交流活动。

第五章　矿山救援一般规定

第一节　先期处置

第三十九条　矿山发生生产安全事故后，涉险区域人员应当视现场情况，在安全条件下积极抢救人员和控制灾情，并立即上报；不具备条件的，应当立即撤离至安全地点。井下涉险人员在撤离时应当根据需要使用自救器，在撤离受阻的情况下紧急避险待救。矿山企业带班领导和涉险区域的区、队、班组长等应当组织人员抢救、撤离和避险。

第四十条　矿山值班调度员接到事故报告后，应当立即采取应急措施，通知涉险区域人员撤离险区，报告矿山企业负责人，通知矿山救援队、医疗急救机构和本企业有关人员等到现场救援。矿山企业负责人应当迅速采取有效措施组织抢救，并按照国家有关规定立即如实报告事故情况。

第二节　闻警出动、到达现场和返回驻地

第四十一条　矿山救援队出动救援应当遵守下列规定：

（一）值班员接到救援通知后，首先按响预警铃，记录发生事故单位和事故时间、地点、类别、可能遇险人数及通知人姓名、单位、联系电话，随后立即发出警报，并向值班指挥员报告；

（二）值班小队在预警铃响后立即开始出动准备，在警报发出后1分钟内出动，不需乘车的，出动时间不得超过2分钟；

（三）处置矿井生产安全事故，待机小队随同值班小队出动；

（四）值班员记录出动小队编号及人数、带队指挥员、出动时间、携带装备等情况，并向矿山救援队主要负责人报告；

（五）及时向所在地应急管理部门和矿山安全监察机构报告出动情况。

第四十二条　矿山救援队到达事故地点后，应当立即了解事故情况，领取救援任务，做好救援准备，按照现场指挥部命令和应急救援方案及矿山救援队行动方案，实施灾区探察和抢险救援。

第四十三条　矿山救援队完成救援任务后，经现场指挥部同意，可以返回驻地。返回驻地后，应急救援人员应当立即对救援装备、器材进行检查和维护，使之恢复到完好和备用状态。

第三节 救援指挥

第四十四条 矿山救援队参加矿山救援工作，带队指挥员应当参与制定应急救援方案，在现场指挥部的统一调度指挥下，具体负责指挥矿山救援队的矿山救援行动。

矿山救援队参加其他事故灾害应急救援时，应当在现场指挥部的统一调度指挥下实施应急救援行动。

第四十五条 多支矿山救援队参加

矿山救援工作时，应当服从现场指挥部的统一管理和调度指挥，由服务于发生事故矿山的专职矿山救援队指挥员或者其他胜任人员具体负责协调、指挥各矿山救援队联合实施救援处置行动。

第四十六条　矿山救援队带队指挥员应当根据应急救援方案和事故情况，组织制定矿山救援队行动方案和安全保障措施；执行灾区探察和救援任务时，应当至少有1名中队或者中队以上指挥员在现场带队。

第四十七条　现场带队指挥员应当向救援小队说明事故情况、探察和救援任务、行动计划和路线、安全保障措施和注意事项，带领救援小队完成工作任务。矿山救援队执行任务时应当避免使用临时混编小队。

第四十八条 矿山救援队在救援过程中遇到危及应急救援人员生命安全的突发情况时，现场带队指挥员有权作出撤出危险区域的决定，并及时报告现场指挥部。

第四节 救援保障

第四十九条 在处置重特大或者复杂矿山生产安全事故时，应当设立地面基地；条件允许的，应当设立井下基地。

应急救援人员的后勤保障应当按照

《生产安全事故应急条例》的规定执行。同时，鼓励矿山救援队加强自我保障能力。

第五十条　地面基地应当设置在便于救援行动的安全地点，并且根据事故情况和救援力量投入情况配备下列人员、设备、设施和物资：

（一）气体化验员、医护人员、通信员、仪器修理员和汽车驾驶员，必要时配备心理医生；

（二）必要的救援装备、器材、通信设备和材料；

（三）应急救援人员的后勤保障物资和临时工作、休息场所。

第五十一条　井下基地应当设置在

靠近灾区的安全地点，并且配备下列人员、设备和物资：

（一）指挥人员、值守人员、医护人员；

（二）直通现场指挥部和灾区的通信设备；

（三）必要的救援装备、气体检测仪器、急救药品和器材；

（四）食物、饮料等后勤保障物资。

第五十二条 井下基地应当安排专人检测有毒有害气体浓度和风量、观测风流方向、检查巷道支护等情况，发现情况异常时，基地指挥人员应当立即采取应急措施，通知灾区救援小队，并报告现场指挥部。改变井下基地位置，应当经过矿山救援队带队指挥员同意，报告现场指挥部，并通知灾区救援小队。

第五十三条　矿山救援队在组织救援小队执行矿井灾区探察和救援任务时，应当设立待机小队。待机小队的位置由带队指挥员根据现场情况确定。

第五十四条　矿山救援队在救援过程中必须保证下列通信联络：

（一）地面基地与井下基地；

（二）井下基地与救援小队；

（三）救援小队与待机小队；

（四）应急救援人员之间。

第五十五条　矿山救援队在救援过程中使用音响信号和手势联络应当符合

下列规定：

（一）在灾区内行动的音响信号：

1. 一声表示停止工作或者停止前进；

2. 二声表示离开危险区；

3. 三声表示前进或者工作；

4. 四声表示返回；

5. 连续不断声音表示请求援助或者集合。

（二）在竖井和倾斜巷道使用绞车的音响信号：

1. 一声表示停止；

2. 二声表示上升；

3. 三声表示下降；

4. 四声表示慢上；

5. 五声表示慢下。

（三）应急救援人员在灾区报告氧气压力的手势：

1. 伸出拳头表示 10 兆帕；

2. 伸出五指表示 5 兆帕；

3. 伸出一指表示 1 兆帕；

4. 手势要放在灯头前表示。

第五十六条　矿山救援队在救援过程中应当根据需要定时、定点取样分析化验灾区气体成分，为制定应急救援方案和措施提供参考依据。

第五节　灾区行动基本要求

第五十七条　救援小队进入矿井灾

区探察或者救援，应急救援人员不得少于6人，应当携带灾区探察基本装备（见附录6）及其他必要装备。

第五十八条 应急救援人员应当在入井前检查氧气呼吸器是否完好，其个人防护氧气呼吸器、备用氧气呼吸器及备用氧气瓶的氧气压力均不得低于18兆帕。

如果不能确认井筒、井底车场或者巷道内有无有毒有害气体，应急救援人员应当在入井前或者进入巷道前佩用氧气呼吸器。

第五十九条 应急救援人员在井下待命或者休息时，应当选择在井下基地或者具有新鲜风流的安全地点。如需脱下氧气呼吸器，必须经现场带队指挥员同意，并就近置于安全地点，确保有突发情况时能够及时佩用。

第六十条　应急救援人员应当注意观察氧气呼吸器的氧气压力，在返回到井下基地时应当至少保留 5 兆帕压力的氧气余量。在倾角小于 15 度的巷道行进时，应当将允许消耗氧气量的二分之一用于前进途中、二分之一用于返回途中；在倾角大于或者等于 15 度的巷道中行进时，应当将允许消耗氧气量的三分之二用于上行途中、三分之一用于下行途中。

第六十一条　矿山救援队在致人窒息或者有毒有害气体积存的灾区执行任

务应当做到：

（一）随时检测有毒有害气体、氧气浓度和风量，观测风向和其他变化；

（二）小队长每间隔不超过 20 分钟组织应急救援人员检查并报告 1 次氧气呼吸器氧气压力，根据最低的氧气压力确定返回时间；

（三）应急救援人员必须在彼此可见或者可听到信号的范围内行动，严禁单独行动；如果该灾区地点距离新鲜风流处较近，并且救援小队全体人员在该地点无法同时开展救援，现场带队指挥员可派不少于 2 名队员进入该地点作业，并保持联系。

第六十二条 矿山救援队在致人窒

息或者有毒有害气体积存的灾区抢救遇险人员应当做到：

（一）引导或者运送遇险人员时，为遇险人员佩用全面罩正压氧气呼吸器或者自救器；

（二）对受伤、窒息或者中毒人员进行必要急救处理，并送至安全地点；

（三）处理和搬运伤员时，防止伤员拉扯氧气呼吸器软管或者面罩；

（四）抢救长时间被困遇险人员，请专业医护人员配合，运送时采取护目措施，避免灯光和井口外光线直射遇险人员眼睛；

（五）有多名遇险人员待救的，按照“先重后轻、先易后难”的顺序抢救；无法一次全部救出的，为待救遇险人员佩用全面罩正压氧气呼吸器或者自救器。

第六十三条 在高温、浓烟、塌冒、爆炸和水淹等灾区，无需抢救人员的，矿山救援队不得进入；因抢救人员需要进入时，应当采取安全保障措施。

第六十四条 应急救援人员出现身体不适或者氧气呼吸器发生故障难以排除时，救援小队全体人员应当立即撤到安全地点，并报告现场指挥部。

第六十五条 应急救援人员在灾区工作 1 个氧气呼吸器班后，应当至少休息 8 小时；只有在后续矿山救援队未到达且急需抢救人员时，方可根据体质情况，在氧气呼吸器补充氧气、更换药品和降温冷却材料并校验合格后重新投入工作。

第六十六条　矿山救援队在完成救援任务撤出灾区时，应当将携带的救援装备带出灾区。

第六节　灾 区 探 察

第六十七条　矿山救援队参加矿井生产安全事故应急救援，应当进行灾区探察。灾区探察的主要任务是探明事故类别、波及范围、破坏程度、遇险人员数量和位置、矿井通风、巷道支护等情况，检测灾区氧气和有毒有害气体浓度、矿尘、温度、风向、风速等。

第六十八条 矿山救援队在进行灾区探察前，应当了解矿井巷道布置等基本情况，确认灾区是否切断电源，明确探察任务、具体计划和注意事项，制定遇有撤退路线被堵等突发情况的应急措施，检查氧气呼吸器和所需装备仪器，做好充分准备。

第六十九条 矿山救援队在灾区探察时应当做到：

（一）探察小队与待机小队保持通信联系，在需要待机小队抢救人员时，调派其他小队作为待机小队；

（二）首先将探察小队派往可能存在遇险人员最多的地点，灾区范围大或者巷道复杂的，可以组织多个小队分区段探察；

（三）探察小队在遭遇危险情况或者通信中断时立即回撤，待机小队在探察小队遇险、通信中断或者未按预定时间返回时立即进入救援；

（四）进入灾区时，小队长在队前，副小队长在队后，返回时相反；搜救遇险人员时，小队队形与巷道中线斜交前进；

（五）探察小队携带救生索等必要装备，行进时注意暗井、溜煤眼、淤泥和巷道支护等情况，视线不清或者水深时使用探险棍探测前进，队员之间用联络绳联结；

（六）明确探察小队人员分工，分

别检查通风、气体浓度、温度和顶板等情况并记录，探察过的巷道要签字留名做好标记，并绘制探察路线示意图，在图纸上标记探察结果；

（七）探察过程中发现遇险人员立即抢救，将其护送至安全地点，无法一次救出遇险人员时，立即通知待机小队进入救援，带队指挥员根据实际情况决定是否安排队伍继续实施灾区探察；

（八）在发现遇险人员地点做出标记，检测气体浓度，并在图纸上标明遇险人员位置及状态，对遇难人员逐一编号；

（九）探察小队行进中在巷道交叉

口设置明显标记，完成任务后按计划路线或者原路返回。

第七十条 探察结束后，现场带队指挥员应当立即向布置任务的指挥员汇报探察结果。

第七节 救援记录和总结报告

第七十一条 矿山救援队应当记录参加救援的过程及重要事项；发生应急救援人员伤亡的，应当按照有关规定及时上报。

第七十二条 救援结束后，矿山救援队应当对救援工作进行全面总结，编写应急救援报告（附事故现场示意图），填写《应急救援登记卡》（见附录7），并于7日内上报所在地应急管理部门和矿山安全监察机构。

第六章　救援方法和行动原则

第一节　矿井火灾事故救援

第七十三条　矿山救援队参加矿井火灾事故救援应当了解下列情况：

（一）火灾类型、发火时间、火源位置、火势及烟雾大小、波及范围、遇险人员分布和矿井安全避险系统情况；

（二）灾区有毒有害气体、温度、通风系统状态、风流方向、风量大小和矿尘爆炸性；

（三）顶板、巷道围岩和支护状况；

（四）灾区供电状况；

（五）灾区供水管路和消防器材的实际状况及数量；

（六）矿井火灾事故专项应急预案及其实施状况。

第七十四条 首先到达事故矿井的矿山救援队，救援力量的分派原则如下：

（一）进风井井口建筑物发生火灾，派一个小队处置火灾，另一个小队到井下抢救人员和扑灭井底车场可能发生的火灾；

（二）井筒或者井底车场发生火灾，派一个小队灭火，另一个小队到受火灾威胁区域抢救人员；

（三）矿井进风侧的硐室、石门、平巷、下山或者上山发生火灾，火烟可能威胁到其他地点时，派一个小队灭火，另一个小队进入灾区抢救人员；

（四）采区巷道、硐室或者工作面发生火灾，派一个小队从最短的路线进入回风侧抢救人员，另一个小队从进风侧抢救人员和灭火；

（五）回风井井口建筑物、回风井筒或者回风井底车场及其毗连的巷道发生火灾，派一个小队灭火，另一个小队抢救人员。

第七十五条 矿山救援队在矿井火灾事故救援过程中，应当指定专人检测瓦斯等易燃易爆气体和矿尘，观测灾区气体和风流变化，当甲烷浓度超过2%并且继续上升，风量突然发生较大变化，或者风流出现逆转征兆时，应当立即撤到安全地点，采取措施排除危险，采用保障安全的灭火方法。

第七十六条 处置矿井火灾时，矿井通风调控应当遵守下列原则：

（一）控制火势和烟雾蔓延，防止火灾扩大；

（二）防止引起瓦斯或者矿尘爆

炸，防止火风压引起风流逆转；

（三）保障应急救援人员安全，并有利于抢救遇险人员；

（四）创造有利的灭火条件。

第七十七条　灭火过程中，根据灾情可以采取局部反风、全矿井反风、风流短路、停止通风或者减少风量等措施。采取上述措施时，应当防止瓦斯等易燃易爆气体积聚到爆炸浓度引起爆炸，防止发生风流紊乱，保障应急救援人员安全。采取反风或者风流短路措施前，必须将原进风侧人员或者受影响区域内人员撤到安全地点。

第七十八条　矿山救援队应当根据矿井火灾的实际情况选择灭火方法，条件具备的应当采用直接灭火方法。直接灭火时，应当设专人观测进风侧风向、风量和气体浓度变化，分析风流紊乱的可能性及撤退通道的安全性，必要时采取控风措施；应当监测回风侧瓦斯和一氧化碳等气体浓度变化，观察烟雾变化情况，分析灭火效果和爆炸危险性，发现危险迹象及时撤离。

第七十九条 用水灭火时，应当具备下列条件：

（一）火源明确；

（二）水源、人力和物力充足；

（三）回风道畅通；

（四）甲烷浓度不超过2%。

第八十条 用水或者注浆灭火应当

遵守下列规定：

（一）从进风侧进行灭火，并采取防止溃水措施，同时将回风侧人员撤出；

（二）为控制火势，可以采取设置水幕、清除可燃物等措施；

（三）从火焰外围喷洒并逐步移向火源中心，不得将水流直接对准火焰中心；

（四）灭火过程中保持足够的风量和回风道畅通，使水蒸气直接排入回风道；

（五）向火源大量灌水或者从上部灌浆时，不得靠近火源地点作业；用水快速淹没火区时，火区密闭附近及其下方区域不得有人。

第八十一条 扑灭电气火灾，应当首先切断电源。在切断电源前，必须使用不导电的灭火器材进行灭火。

第八十二条 扑灭瓦斯燃烧引起的火灾时，可采用干粉、惰性气体、泡沫灭火，不得随意改变风量，防止事故扩大。

第八十三条 下列情况下，应当采用隔绝灭火或者综合灭火方法：

（一）缺乏灭火器材；

（二）火源点不明确、火区范围大、难以接近火源；

（三）直接灭火无效或者对灭火人员危险性较大。

第八十四条　采用隔绝灭火方法应当遵守下列规定：

（一）在保证安全的情况下，合理确定封闭火区范围；

（二）封闭火区时，首先建造临时密闭，经观测风向、风量、烟雾和气体分析，确认无爆炸危险后，再建造永久密闭或者防爆密闭（防爆密闭墙最小厚度见附录8）。

第八十五条　封闭火区应当遵守下列规定：

（一）多条巷道需要封闭的，先封闭支巷，后封闭主巷；

（二）火区主要进风巷和回风巷中的密闭留有通风孔，其他密闭可以不留通风孔；

（三）选择进风巷和回风巷同时封闭的，在两处密闭上预留通风孔，封堵通风孔时统一指挥、密切配合，以最快速度同时封堵，完成密闭工作后迅速撤至安全地点；

（四）封闭有爆炸危险火区时，先采取注入惰性气体等抑爆措施，后在安全位置构筑进、回风密闭；

（五）封闭火区过程中，设专人检测风流和气体变化，发现瓦斯等易燃易爆气体浓度迅速增加时，所有人员立即撤到安全地点，并向现场指挥部报告。

第八十六条　建造火区密闭应当遵守下列规定：

（一）密闭墙的位置选择在围岩稳定、无破碎带、无裂隙和巷道断面较小的地点，距巷道交叉口不小于 10 米；

（二）拆除或者断开管路、金属网、电缆和轨道等金属导体；

（三）密闭墙留设观测孔、措施孔和放水孔。

第八十七条　火区封闭后应当遵守下列规定：

（一）所有人员立即撤出危险区；进入检查或者加固密闭墙在 24 小时后进行，火区条件复杂的，酌情延长时间；

（二）火区密闭被爆炸破坏的，严禁派矿山救援队探察或者恢复密闭；只有在采取惰化火区等措施、经检测无爆炸危险后方可作业，否则，在距火区较远的安全地点建造密闭；

（三）条件允许的，可以采取均压灭火措施；

（四）定期检测和分析密闭内的气体成分及浓度、温度、内外空气压差和密闭漏风情况，发现火区有异常变化时，采取措施及时处置。

第八十八条 矿山救援队在高温、浓烟下开展救援工作应当遵守下列规定：

（一）井下巷道内温度超过 30 摄氏度的，控制佩用氧气呼吸器持续作业时间；温度超过 40 摄氏度的，不得佩用氧气呼吸器作业，抢救人员时严格限制持续作业时间（见附录9）；

（二）采取降温措施，改善工作环境，井下基地配备含 0.75% 食盐的温开水；

（三）高温巷道内空气升温梯度达到每分钟 0.5 至 1 摄氏度时，小队返回井下基地，并及时报告基地指挥员；

（四）严禁进入烟雾弥漫至能见度小于 1 米的巷道；

（五）发现应急救援人员身体异常的，小队返回井下基地并通知待机小队。

第八十九条　处置进风井口建筑物火灾，应当采取防止火灾气体及火焰侵入井下的措施，可以立即反风或者关闭井口防火门；不能反风的，根据矿井实际情况决定是否停止主要通风机。同时，采取措施进行灭火。

第九十条 处置正在开凿井筒的井口建筑物火灾，通往遇险人员作业地点的通道被火切断时，可以利用原有的铁风筒及各类适合供风的管路设施向遇险人员送风，同时采取措施进行灭火。

第九十一条 处置进风井筒火灾，为防止火灾气体侵入井下巷道，可以采取反风或者停止主要通风机运转的措施。

第九十二条 处置回风井筒火灾，应当保持原有风流方向，为防止火势增大，可以适当减少风量。

第九十三条　处置井底车场火灾应当采取下列措施：

（一）进风井井底车场和毗连硐室发生火灾，进行反风或者风流短路，防止火灾气体侵入工作区；

（二）回风井井底车场发生火灾，保持正常风流方向，可以适当减少风量；

（三）直接灭火和阻止火灾蔓延；

（四）为防止混凝土支架和砌碹巷道上面木垛燃烧，可在碹上打眼或者破碹，安设水幕或者灌注防灭火材料；

（五）保护可能受到火灾危及的井筒、爆炸物品库、变电所和水泵房等关键地点。

第九十四条 处置井下硐室火灾应当采取下列措施：

（一）着火硐室位于矿井总进风道的，进行反风或者风流短路；

（二）着火硐室位于矿井一翼或者采区总进风流所经两巷道连接处的，在安全的前提下进行风流短路，条件具备时也可以局部反风；

（三）爆炸物品库着火的，在安全的前提下先将雷管和导爆索运出，后将其他爆炸材料运出；因危险不能运出时，关闭防火门，人员撤至安全地点；

（四）绞车房着火的，将连接的矿车固定，防止烧断钢丝绳，造成跑车伤人；

（五）蓄电池机车充电硐室着火的，切断电源，停止充电，加强通风并及时运出蓄电池；

（六）硐室无防火门的，挂风障控制入风，积极灭火。

第九十五条　处置井下巷道火灾应当采取下列措施：

（一）倾斜上行风流巷道发生火灾，保持正常风流方向，可以适当减少风量，防止与着火巷道并联的巷道发生风流逆转；

（二）倾斜下行风流巷道发生火灾，防止发生风流逆转，不得在着火巷道由上向下接近火源灭火，可以利用平行下山和联络巷接近火源灭火；

（三）在倾斜巷道从下向上灭火时，防止冒落岩石和燃烧物掉落伤人；

（四）矿井或者一翼总进风道中的平巷、石门或者其他水平巷道发生火灾，根据具体情况采取反风、风流短路或者正常通风，采取风流短路时防止风流紊乱；

（五）架线式电机车巷道发生火灾，先切断电源，并将线路接地，接地点在可见范围内；

（六）带式输送机运输巷道发生火灾，先停止输送机，关闭电源，后进行灭火。

第九十六条 处置独头巷道火灾应

当采取下列措施：

（一）矿山救援队到达现场后，保持局部通风机通风原状，即风机停止运转的不要开启，风机开启的不要停止，进行探察后再采取处置措施；

（二）水平独头巷道迎头发生火灾，且甲烷浓度不超过2%的，在通风的前提下直接灭火，灭火后检查和处置阴燃火点，防止复燃；

（三）水平独头巷道中段发生火灾，灭火时注意火源以里巷道内瓦斯情况，防止积聚的瓦斯经过火点，情况不明的，在安全地点进行封闭；

（四）倾斜独头巷道迎头发生火灾，且甲烷浓度不超过2%时，在加强通风的情况下可以直接灭火；甲烷浓度超过 2% 时，应急救援人员立即撤离，并在安全地点进行封闭；

（五）倾斜独头巷道中段发生火灾，不得直接灭火，在安全地点进行封闭；

（六）局部通风机已经停止运转，且无需抢救人员的，无论火源位于何处，均在安全地点进行封闭，不得进入直接灭火。

第九十七条 处置回采工作面火灾应当采取下列措施：

（一）工作面着火，在进风侧进行灭火；在进风侧灭火难以奏效的，可以进行局部反风，从反风后的进风侧灭火，并在回风侧设置水幕；

（二）工作面进风巷着火，为抢救人员和控制火势，可以进行局部反风或者减少风量，减少风量时防止灾区缺氧和瓦斯等有毒有害气体积聚；

（三）工作面回风巷着火，防止采空区瓦斯涌出和积聚造成瓦斯爆炸；

（四）急倾斜工作面着火，不得在火源上方或者火源下方直接灭火，防止水蒸气或者火区塌落物伤人；有条件的可以从侧面利用保护台板或者保护盖接近火源灭火；

（五）工作面有爆炸危险时，应急救援人员立即撤到安全地点，禁止直接灭火。

第九十八条 采空区或者巷道冒落带发生火灾，应当保持通风系统稳定，检查与火区相连的通道，防止瓦斯涌入火区。

第二节 瓦斯、矿尘爆炸事故救援

第九十九条 矿山救援队参加瓦斯、矿尘爆炸事故救援，应当全面探察灾区遇险人员数量及分布地点、有毒有害气体、巷道破坏程度、是否存在火源等情况。

第一百条 首先到达事故矿井的矿山救援队，救援力量的分派原则如下：

（一）井筒、井底车场或者石门发生爆炸，在确定没有火源、无爆炸危险后，派一个小队抢救人员，另一个小队恢复通风，通风设施损坏暂时无法恢复的，全部进行抢救人员；

（二）采掘工作面发生爆炸，派一个小队沿回风侧、另一个小队沿进风侧进入抢救人员，在此期间通风系统维持原状。

第一百零一条　为排除爆炸产生的有毒有害气体和抢救人员，应当在探察确认无火源的前提下，尽快恢复通风。如果有毒有害气体严重威胁爆源下风侧人员，在上风侧人员已经撤离的情况下，可以采取反风措施，反风后矿山救援队进入原下风侧引导人员撤离灾区。

第一百零二条 爆炸产生火灾时，矿山救援队应当同时进行抢救人员和灭火，并采取措施防止再次发生爆炸。

第一百零三条 矿山救援队参加瓦斯、矿尘爆炸事故救援应当遵守下列规定：

（一）切断灾区电源，并派专人值守；

（二）检查灾区内有毒有害气体浓度、温度和通风设施情况，发现有再次爆炸危险时，立即撤至安全地点；

（三）进入灾区行动防止碰撞、摩擦等产生火花；

（四）灾区巷道较长、有毒有害气体浓度较大、支架损坏严重的，在确认没有火源的情况下，先恢复通风、维护支架，确保应急救援人员安全；

（五）已封闭采空区发生爆炸，严禁派人进入灾区进行恢复密闭工作，采取注入惰性气体和远距离封闭等措施。

第三节　煤与瓦斯突出事故救援

第一百零四条　发生煤与瓦斯突出事故后，矿山企业应当立即对灾区采取停电和撤人措施，在按规定排出瓦斯后，方可恢复送电。

第一百零五条 矿山救援队应当探察遇险人员数量及分布地点、通风系统及设施破坏程度、突出的位置、突出物堆积状态、巷道堵塞程度、瓦斯浓度和波及范围等情况，发现火源立即扑灭。

第一百零六条 采掘工作面发生煤与瓦斯突出事故，矿山救援队应当派一个小队从回风侧、另一个小队从进风侧进入事故地点抢救人员。

第一百零七条 矿山救援队发现遇险人员应当立即抢救，为其佩用全面罩正压氧气呼吸器或者自救器，引导、护送遇险人员撤离灾区。遇险人员被困灾区时，应当利用压风、供水管路或者施工钻孔等为其输送新鲜空气，并组织力量清理堵塞物或者开掘绕道抢救人员。在有突出危险的煤层中掘进绕道抢救人员时，应当采取防突措施。

第一百零八条　处置煤与瓦斯突出事故，不得停风或者反风，防止风流紊乱扩大灾情。通风系统和通风设施被破坏的，应当设置临时风障、风门和安装局部通风机恢复通风。

第一百零九条　突出造成风流逆转时，应当在进风侧设置风障，清理回风侧的堵塞物，使风流尽快恢复正常。

第一百一十条　突出引起火灾时，应当采用综合灭火或者惰性气体灭火。

突出引起回风井口瓦斯燃烧的，应当采取控制风量的措施。

第一百一十一条 排放灾区瓦斯时，应当撤出排放混合风流经过巷道的所有人员，以最短路线将瓦斯引入回风道。回风井口 50 米范围内不得有火源，并设专人监视。

第一百一十二条 清理突出的煤矸时，应当采取防止煤尘飞扬、冒顶片帮、瓦斯超限及再次发生突出的安全保障措施。

第一百一十三条 处置煤（岩）与二氧化碳突出事故，可以参照处置煤与瓦斯突出事故的相关规定执行，并且应当加大灾区风量。

第四节　矿井透水事故救援

第一百一十四条　矿山救援队参加矿井透水事故救援，应当了解灾区情况和水源、透水点、事故前人员分布、矿井有生存条件的地点及进入该地点的通道等情况，分析计算被困人员所在空间体积及空间内氧气、二氧化碳、瓦斯等气体浓度，估算被困人员维持生存时间。

第一百一十五条　矿山救援队应当探察遇险人员位置，涌水通道、水量及水流动线路，巷道及水泵设施受水淹程度，巷道破坏及堵塞情况，瓦斯、二氧化碳、硫化氢等有毒有害气体情况和通风状况等。

第一百一十六条 采掘工作面发生透水，矿山救援队应当首先进入下部水平抢救人员，再进入上部水平抢救人员。

第一百一十七条 被困人员所在地点高于透水后水位的，可以利用打钻等方法供给新鲜空气、饮料和食物，建立通信联系；被困人员所在地点低于透水后水位的，不得打钻，防止钻孔泄压扩大灾情。

第一百一十八条 矿井涌水量超过排水能力，全矿或者水平有被淹危险时，在下部水平人员救出后，可以向下部水平或者采空区放水；下部水平人员尚未撤出，主要排水设备受到被淹威胁时，可以构筑临时防水墙，封堵泵房口和通往下部水平的巷道。

第一百一十九条　矿山救援队参加矿井透水事故救援应当遵守下列规定：

（一）透水威胁水泵安全时，在人员撤至安全地点后，保护泵房不被水淹；

（二）应急救援人员经过巷道有被淹危险时，立即返回井下基地；

（三）排水过程中保持通风，加强有毒有害气体检测，防止有毒有害气体涌出造成危害；

（四）排水后进行探察或者抢救人员时，注意观察巷道情况，防止冒顶和底板塌陷；

（五）通过局部积水巷道时，采用探险棍探测前进；水深过膝，无需抢救人员的，不得涉水进入灾区。

第一百二十条 矿山救援队处置上山巷道透水应当注意下列事项：

（一）检查并加固巷道支护，防止二次透水、积水和淤泥冲击；

（二）透水点下方不具备存储水和沉积物有效空间的，将人员撤至安全地点；

（三）保证人员通信联系和撤离路线安全畅通。

第五节　冒顶片帮、冲击地压事故救援

第一百二十一条　矿山救援队参加冒顶片帮事故救援，应当了解事故发生原因、巷道顶板特性、事故前人员分布位置和压风管路设置等情况，指定专人检查氧气和瓦斯等有毒有害气体浓度、监测巷道涌水量、观察周围巷道顶板和支护情况，保障应急救援人员作业安全和撤离路线安全畅通。

第一百二十二条　矿井通风系统遭到破坏的，应当迅速恢复通风；周围巷道和支护遭到破坏的，应当进行加固处

理。当瓦斯等有毒有害气体威胁救援作业安全或者可能再次发生冒顶片帮时，应急救援人员应当迅速撤至安全地点，采取措施消除威胁。

第一百二十三条 矿山救援队搜救遇险人员时，可以采用呼喊、敲击或者采用探测仪器判断被困人员位置、与被困人员联系。应急救援人员和被困人员通过敲击发出救援联络信号内容如下：

（一）敲击五声表示寻求联络；

（二）敲击四声表示询问被困人员数量（被困人员按实际人数敲击回复）；

（三）敲击三声表示收到；

（四）敲击二声表示停止。

第一百二十四条　应急救援人员可以采用掘小巷、掘绕道、使用临时支护通过冒落区或者施工大口径救生钻孔等方式，快速构建救援通道营救遇险人员，同时利用压风管、水管或者钻孔等向被困人员提供新鲜空气、饮料和食物。

第一百二十五条　应急救援人员清理大块矸石、支柱、支架、金属网、钢梁等冒落物和巷道堵塞物营救被困人员时，在现场安全的情况下，可以使用千斤顶、液压起重器具、液压剪、起重气垫、多功能钳、金属切割机等工具进行处置，使用工具应当注意避免误伤被困人员。

第一百二十六条 矿山救援队参加冲击地压事故救援应当遵守下列规定：

（一）分析再次发生冲击地压灾害的可能性，确定合理的救援方案和路线；

（二）迅速恢复灾区通风，恢复独头巷道通风时，按照排放瓦斯的要求进行；

（三）加强巷道支护，保障作业空间安全，防止再次冒顶；

（四）设专人观察顶板及周围支护情况，检查通风、瓦斯和矿尘，防止发生次生事故。

第六节　矿井提升运输事故救援

第一百二十七条　矿井发生提升运输事故，矿山企业应当根据情况立即停止事故设备运行，必要时切断其供电电源，停止事故影响区域作业，组织抢救遇险人员，采取恢复通风、通信和排水等措施。

第一百二十八条　矿山救援队应当了解事故发生原因、矿井提升运输系统及设备、遇险人员数量和可能位置以及矿井通风、通信、排水等情况，探察井筒（巷道）破坏程度、提升容器坠落或者运输车辆滑落位置、遇险人员状况以及井筒（巷道）内通风、杂物堆积、氧气和有毒有害气体浓度、积水水位等情况。

第一百二十九条 矿山救援队在探察搜救过程中，发现遇险人员立即救出至安全地点，对伤员进行止血、包扎和骨折固定等紧急处理后，迅速移交专业医护人员送医院救治；不能立即救出的，在采取技术措施后施救。

第一百三十条 应急救援人员在使用起重、破拆、扩张、牵引、切割等工具处置罐笼、人车（矿车）及堆积杂物进行施救时，应当指定专人检查瓦斯等有毒有害气体和氧气浓度、观察井筒和巷道情况，采取防范措施确保作业安全；同时，应当采取措施避免被困人员受到二次伤害。

第一百三十一条　矿山救援队参加矿井坠罐事故救援应当遵守下列规定：

（一）提升人员井筒发生事故，可以选择其他安全出口入井探察搜救；

（二）需要使用事故井筒的，清理井口并设专人把守警戒，对井筒、救援提升系统及设备进行安全评估、检查和提升测试，确保提升安全可靠；

（三）当罐笼坠入井底时，可以通过排水通道抢救遇险人员，积水较多的采取排水措施，井底较深的采取局部通风措施，防止人员窒息；

（四）搜救时注意观察井筒上部是否有物品坠落危险，必要时在井筒上部断面安设防护盖板，保障救援安全。

第一百三十二条 矿山救援队参加矿井卡罐事故救援应当遵守下列规定：

（一）清理井架、井口附着物，井口设专人值守警戒，防止救援过程中坠物伤人；

（二）有梯子间的井筒，先行探察井筒内有毒有害气体和氧气浓度以及梯子间安全状况，在保证安全的情况下可以通过梯子间向下搜救；

（三）需要通过提升系统及设备进行探察搜救的，在经评估、检查和测试，确保提升系统及设备安全可靠后方可实施；

（四）应急救援人员佩带保险带，所带工具系绳入套防止掉落，配备使用通信工具保持联络；

（五）应急救援人员到达卡罐位置，先观察卡罐状况，必要时采取稳定或者加固措施，防止施救时罐笼再次坠落；

（六）救援时间较长时，可以通过绳索和吊篮等方式为被困人员输送食物、饮料、相关药品及通信工具，维持被困人员生命体征和情绪稳定。

第一百三十三条 矿山救援队参加倾斜井巷跑车事故救援应当遵守下列规定：

（一）采取紧急制动和固定跑车车辆措施，防止施救时车辆再次滑落；

（二）在事故巷道采取设置警戒线、警示灯等警戒措施，并设专人值守，禁止无关车辆和人员通行；

（三）起重、搬移、挪动矿车时，防止车辆侧翻伤人，保护应急救援人员和遇险人员安全；

（四）注意观察事故现场周边设施、设备、巷道的变化情况，防止巷道构件塌落伤人，必要时加固巷道、消除隐患。

第七节　淤泥、黏土、矿渣、流砂溃决事故救援

第一百三十四条　矿井发生淤泥、黏土、矿渣或者流砂溃决事故，矿山企业应当将下部水平作业人员撤至安全地点。

第一百三十五条　应急救援人员应当加强有毒有害气体检测，采用呼喊和敲击等方法与被困人员进行联系，采取措施向被困人员输送新鲜空气、饮料和食物，在清理溃决物的同时，采用打钻和掘小巷等方法营救被困

人员。

第一百三十六条 开采急倾斜煤层或者矿体的，在黏土、淤泥、矿渣或者流砂流入下部水平巷道时，应急救援人员应当从上部水平巷道开展救援工作，严禁从下部接近充满溃决物的巷道。

第一百三十七条 因受条件限制，需从倾斜巷道下部清理淤泥、黏土、矿渣或者流砂时，应当制定专门措施，设置牢固的阻挡设施和有安全退路的躲避硐室，并设专人观察。出现险情时，应急救援人员立即撤离或者进入躲避硐室。溃决物下方没有安全阻挡设施的，严禁进行清理作业。

第八节 炮烟中毒窒息、炸药爆炸和矸石山事故救援

第一百三十八条 矿山救援队参加炮烟中毒窒息事故救援应当遵守下列规定：

（一）加强通风，监测有毒有害气体；

（二）独头巷道或者采空区发生炮烟中毒窒息事故，在没有爆炸危险的情况下，采用局部通风的方式稀释炮烟浓度；

（三）尽快给遇险人员佩用全面罩正压氧气呼吸器或者自救器，给中毒窒

息人员供氧并让其静卧保暖，将遇险人员撤离炮烟事故区域，运送至安全地点交医护人员救治。

第一百三十九条 矿山救援队参加炸药爆炸事故救援应当遵守下列规定：

（一）了解炸药和雷管数量、放置位置等情况，分析再次爆炸的危险性，制定安全防范措施；

（二）探察爆炸现场人员、有毒有害气体和巷道与硐室坍塌等情况；

（三）抢救遇险人员，运出爆破器材，控制并扑灭火源；

（四）恢复矿井通风系统，排除烟雾。

第一百四十条 矿山救援队参加研

石山自燃或者爆炸事故救援应当遵守下列规定：

（一）查明自燃或者爆炸范围、周围温度和产生气体成分及浓度；

（二）可以采用注入泥浆、飞灰、石灰水、凝胶和泡沫等灭火措施；

（三）直接灭火时，防止水煤气爆炸，避开矸石山垮塌面和开挖暴露面；

（四）清理爆炸产生的高温抛落物时，应急救援人员佩戴手套、防护面罩或者眼镜，穿隔热服，使用工具清理；

（五）设专人观测矸石山状态及变化，发现危险情况立即撤离至安全地点。

第九节 露天矿坍塌、排土场滑坡和尾矿库溃坝事故救援

第一百四十一条 矿山救援队参加露天矿边坡坍塌或者排土场滑坡事故救援应当遵守下列规定：

（一）坍塌体（滑体）趋于稳定后，应急救援人员及抢险救援设备从坍塌体（滑体）两侧安全区域实施救援；

（二）采用生命探测仪等器材和观察、听声、呼喊、敲击等方法搜寻被困人员，判断被埋压人员位置；

（三）可以采用人工与机械相结合的方式挖掘搜救被困人员，接近被埋压

人员时采用人工挖掘，在施救过程中防止造成二次伤害；

（四）分析事故影响范围，设置警戒区域，安排专人对搜救地点、坍塌体（滑体）和边坡情况进行监测，发现险情迅速组织应急救援人员撤离。

积极采用手机定位、车辆探测、3D 建模等技术分析被困人员位置，利用无人机、边坡雷达、位移形变监测等设备加强监测预警。

第一百四十二条　矿山救援队参加尾矿库溃坝事故救援应当遵守下列规定：

（一）疏散周边和下游可能受到威胁的人员，设置警戒区域；

（二）用抛填块石、砂袋和打木桩等方法堵塞决堤口，加固尾矿库堤坝，进行水砂分流，实时监测坝体，保障应急救援人员安全；

（三）挖掘搜救过程中避免被困人员受到二次伤害；

（四）尾矿泥沙仍处于流动状态，对下游村庄、企业、交通干线、饮用水源地及其他环境敏感保护目标等形成威胁时，采取拦截、疏导等措施，避免事故扩大。

第七章　现 场 急 救

第一百四十三条　矿山救援队应急救援人员应当掌握人工呼吸、心肺复苏、止血、包扎、骨折固定和伤员搬运等现场急救技能。

第一百四十四条　矿山救援队现场急救的原则是使用徒手和无创技术迅速抢救伤员，并尽快将伤员移交给专业医护人员。

第一百四十五条　矿山救援队应当配备必要的现场急救和训练器材（见

附录10、附录11）。

第一百四十六条 矿山救援队进行现场急救时应当遵守下列规定：

（一）检查现场及周围环境，确保伤员和应急救援人员安全，非必要不轻易移动伤员；

（二）接触伤员前，采取个体防护措施；

（三）研判伤员基本生命体征，了解伤员受伤原因，按照头、颈、胸、腹、骨盆、上肢、下肢、足部和背部（脊柱）顺序检查伤情；

（四）根据伤情采取相应的急救措施，脊椎受伤的采取轴向保护，颈椎损伤的采用颈托制动；

（五）根据伤员的不同伤势，采用相应的搬运方法。

第一百四十七条 抢救有毒有害气体中毒伤员应当采取下列措施：

（一）所有人员佩用防护装置，将中毒人员立即运送至通风良好的安全地点进行抢救；

（二）对中度、重度中毒人员，采取供氧和保暖措施，对严重窒息人员，在供氧的同时进行人工呼吸；

（三）对因喉头水肿导致呼吸道阻塞的窒息人员，采取措施保持呼吸道畅通；

（四）中毒人员呼吸或者心跳停止的，立即进行人工呼吸和心肺复苏，人工呼吸过程中，使用口式呼吸面罩。

第一百四十八条 抢救溺水伤员应当采取下列措施：

（一）清除溺水伤员口鼻内异物，确保呼吸道通畅；

（二）抢救效果欠佳的，立即改为俯卧式或者口对口人工呼吸；

（三）心跳停止的，按照通气优先策略，采用A-B-C（开通气道、人工呼吸、胸外按压）方式进行心肺复苏；

（四）伤员呼吸恢复后，可以在四肢进行向心按摩，神志清醒后，可以服用温开水。

第一百四十九条 抢救触电伤员应当采取下列措施：

（一）首先立即切断电源；

（二）使伤员迅速脱离电源，并将伤员运送至通风和安全的地点，解开衣扣和裤带，检查有无呼吸和心跳，呼吸或者心跳停止的，立即进行心肺复苏；

（三）根据伤情对伤员进行包扎、止血、固定和保温。

第一百五十条 抢救烧伤伤员应当采取下列措施：

（一）立即用清洁冷水反复冲洗伤面，条件具备的，用冷水浸泡 5 至 10 分钟；

（二）脱衣困难的，立即将衣领、袖口或者裤腿剪开，反复用冷水浇泼，冷却后再脱衣，并用医用消毒大单、无菌敷料包裹伤员，覆盖伤面。

第一百五十一条 抢救休克伤员应当采取下列措施：

（一）松解伤员衣服，使伤员平卧或者下肢抬高约 30 度，保持伤员体温；

（二）清除伤员呼吸道内的异物，确保呼吸道畅通；

（三）迅速判断休克原因，采取相应措施；

（四）针对休克不同的病理生理反应及主要病症积极进行抢救，出血性休克尽快止血，对于四肢大出血，首先采用止血带；

（五）经初步评估和处理后尽快转送。

第一百五十二条　抢救爆震伤员应当采取下列措施：

（一）立即清除口腔和鼻腔内的异物，保持呼吸道通畅；

（二）因开放性损伤导致出血的，立即加压包扎或者压迫止血；处理烧伤创面时，禁止涂抹一切药物，使用医用消毒大单、无菌敷料包裹，不弄破水泡，防止污染；

（三）对伤员骨折进行固定，防止伤情扩大。

第一百五十三条　抢救昏迷伤员应当采取下列措施：

（一）使伤员平卧或者两头均抬高约 30 度；

（二）解松衣扣，清除呼吸道内的异物；

（三）可以采用刺、按人中等穴位，促其苏醒。

第一百五十四条 应急救援人员对伤员采取必要的抢救措施后，应当尽快交由专业医护人员将伤员转送至医院进行综合治疗。

第八章　预防性安全检查和安全技术工作

第一节　预防性安全检查

第一百五十五条　矿山救援队应当按照主动预防的工作要求，结合服务矿山企业安全生产工作实际，有计划地开展预防性安全检查，了解服务矿山企业基本情况，熟悉矿山救援环境条件，进行救援业务技能训练，开展事故隐患排查技术服务。矿山企业应当配合矿山救援队开展预防性安全检查工作，提供相关技术资料和图纸，及时处理检查发现的事故隐患。

第一百五十六条 矿山救援队进行矿井预防性安全检查工作，应当主要了解、检查下列内容：

（一）矿井巷道、采掘工作面、采空区、火区的分布和管理情况；

（二）矿井采掘、通风、排水、运输、供电和压风、供水、通信、监控、人员定位、紧急避险等系统的基本情况；

（三）矿井巷道支护、风量和有害

气体情况；

（四）矿井硐室分布情况和防火设施；

（五）矿井火灾、水害、瓦斯、煤尘、顶板等方面灾害情况和存在的事故隐患；

（六）矿井应急救援预案、灾害预防和处理计划的编制和执行情况；

（七）地面、井下消防器材仓库地点及材料、设备的储备情况。

第一百五十七条　矿山救援队在预防性安全检查工作中，发现事故隐患应当通知矿山企业现场负责人予以处理；发现危及人身安全的紧急情况，应当立即通知现场作业人员撤离。

第一百五十八条 预防性安全检查结束后，矿山救援队应当填写预防性安全检查记录，及时向矿山企业反馈检查情况和发现的事故隐患。

第二节 安全技术工作

第一百五十九条 矿山救援队参加排放瓦斯、启封火区、反风演习、井巷揭煤等存在安全风险、需要佩用氧气呼吸器进行的非事故性技术操作和安全监护作业，属于安全技术工作。

开展安全技术工作，应当由矿山企业和矿山救援队研究制定工作方案和安全技术措施，并在统一指挥下实施。矿山救援队参加危险性较大的排放瓦斯、启封火区等安全技术工作，应当设立待机小队。

第一百六十条　矿山救援队参加安全技术工作，应当组织应急救援人员学习和熟悉工作方案和安全技术措施，并根据工作任务制定行动计划和安全措施。

第一百六十一条　矿山救援队应当逐项检查安全技术工作实施前的各项准备工作，符合工作方案和安全技术措施规定后方可实施。

第一百六十二条　矿山救援队参加煤矿排放瓦斯工作应当遵守下列规定：

（一）排放前，撤出回风侧巷道人

员，切断回风侧巷道电源并派专人看守，检查并严密封闭回风侧区域火区；

（二）排放时，进入排放巷道的人员佩用氧气呼吸器，派专人检查瓦斯、二氧化碳、一氧化碳等气体浓度及温度，采取控制风流排放方法，排出的瓦斯与全风压风流混合处的甲烷和二氧化碳浓度均不得超过 1.5%；

（三）排放结束后，与煤矿通风、安监机构一起进行现场检查，待通风正常后，方可撤出工作地点。

第一百六十三条 矿山救援队参加金属非金属矿山排放有毒有害气体工作，恢复巷道通风，可以参照矿山救援队参加煤矿排放瓦斯工作的相关规定执行。

第一百六十四条　封闭火区符合启封条件后方可启封。矿山救援队参加启封火区工作应当遵守下列规定：

（一）启封前，检查火区的温度、各种气体浓度和巷道支护等情况，切断回风流电源，撤出回风侧人员，在通往回风道交叉口处设栅栏和警示标志，并做好重新封闭的准备工作；

（二）启封时，采取锁风措施，逐段恢复通风，检查各种气体浓度和温度变化情况，发现复燃征兆，立即重新封闭火区；

（三）启封后 3 日内，每班由矿山救援队检查通风状况，测定水温、空气温度和空气成分，并取气样进行分析，确认火区完全熄灭后，方可结束启封工作。

第一百六十五条 矿山救援队参加反风演习工作应当遵守下列规定：

（一）反风前，应急救援人员佩带氧气呼吸器、携带必要的技术装备在井下指定地点值班，同时测定矿井风量和瓦斯等有毒有害气体浓度；

（二）反风 10 分钟后，经测定风量达到正常风量的 40%，瓦斯浓度不超过规定时，及时报告现场指挥机构；

（三）恢复正常通风后，将测定的风量和瓦斯等有毒有害气体浓度报告现场指挥机构，待通风正常后方可离开工作地点。

第一百六十六条　矿山救援队参加井巷揭煤安全监护工作应当遵守下列规定：

（一）揭煤前，应急救援人员佩带氧气呼吸器、携带必要的技术装备在井下指定地点值班，配合现场作业人员检查揭煤作业相关安全设施、避灾路线及停电、撤人、警戒等安全措施落实情况；

（二）在爆破结束至少30分钟后，应急救援人员佩用氧气呼吸器、携带必要仪器设备进入工作面，检查爆破、揭煤、巷道、通风系统和气体参数等情况，发现煤尘骤起、有害气体浓度增大、有响声等异常情况，立即退出，关闭反向风门；

（三）揭煤工作完成后，与煤矿通风、安监机构一起进行现场检查，待通风正常后，方可撤出工作地点。

第一百六十七条 矿山救援队参加安全技术工作，应当做好自身安全防护和矿山救援准备，一旦出现危及作业人员安全的险情或者发生意外事故，立即组织作业人员撤离，抢救遇险人员，并按有关规定及时报告。

第九章　经费和职业保障

第一百六十八条　矿山救援队建立单位应当保障队伍建设及运行经费。矿山企业应当将矿山救援队建设及运行经费列入企业年度经费，可以按规定在安全生产费用等资金中列支。

专职矿山救援队按照有关规定与矿山企业签订应急救援协议收取的费用，可以作为队伍运行、开展日常服务工作和装备维护等的补充经费。

第一百六十九条　矿山救援队应急

救援人员承担井下一线矿山救援任务和安全技术工作，从事高危险性作业，应当享受下列职业保障：

（一）矿井采掘一线作业人员的岗位工资、井下津贴、班中餐补贴和夜班津贴等，应急救援人员的救援岗位津贴；国家另有规定的，按照有关规定执行；

（二）佩用氧气呼吸器工作的特殊津贴；在高温、浓烟等恶劣环境中佩用氧气呼吸器工作的，特殊津贴增加一倍；

（三）工作着装按照有关规定统一配发，劳动保护用品按照井下一线职工标准发放；

（四）所在单位除执行社会保险制

度外，还为矿山救援队应急救援人员购买人身意外伤害保险；

（五）矿山救援队每年至少组织应急救援人员进行1次身体检查，对不适合继续从事矿山救援工作的人员及时调整工作岗位；

（六）应急救援人员因超龄或者因病、因伤退出矿山救援队的，所在单位给予安排适当工作或者妥善安置。

第一百七十条　矿山救援队所在单位应当按照国家有关规定，对参加矿山生产安全事故或者其他灾害事故应急救援伤亡的人员及时给予救治和抚恤；符合烈士评定条件的，应当依法为其申报烈士。

第十章　附　　则

第一百七十一条　本规程下列用语的含义：

（一）独立中队，是指按照中队编制建立，独立运行管理的矿山救援队。

（二）指挥员，是矿山救援队担任副小队长及以上职务人员、技术负责人的统称。

（三）氧气呼吸器，是一种自带氧源、隔绝再生式闭路循环的个人特种呼吸保护装置。

（四）氧气充填泵，是指将氧气从大氧气瓶抽出并充入小容积氧气瓶内的升压泵。

（五）佩带氧气呼吸器，是指应急救援人员背负氧气呼吸器，但未戴防护面罩，未打开氧气瓶吸氧。

（六）佩用氧气呼吸器，是指应急救援人员背负氧气呼吸器，戴上防护面罩，打开氧气瓶吸氧。

（七）氧气呼吸器班，是指应急救援人员佩用 4 小时氧气呼吸器在其有效防护时间内进行工作的一段时间，1 个氧气呼吸器班约为 3 至 4 小时。

（八）氧气呼吸器校验仪，是指检

验氧气呼吸器的各项技术指标是否符合规定标准的专用仪器。

（九）自动苏生器，是对中毒或者窒息的伤员自动进行人工呼吸或者输氧的急救器具。

（十）灾区，是指事故灾害的发生点及波及的范围。

（十一）风障，是指在矿井巷道或者工作面内，利用帆布等软体材料构筑的阻挡或者引导风流的临时设施。

（十二）地面基地，是指在处置矿山事故灾害时，为及时供应救援装备和器材、进行灾区气体分析和提供现场医疗急救等而设在矿山地面的支持保障场所。

（十三）井下基地，是指在井下靠近灾区、通风良好、运输方便、不易受事故灾害直接影响的安全地点，为井下救援指挥、通信联络、存放救援物资、待机小队待命和急救医务人员值班等需要而设立的救援工作场所。

（十四）火风压，是指井下发生火灾时，高温烟流流经有高差的井巷所产生的附加风压。

（十五）风流逆转，是指由于煤与瓦斯突出、爆炸冲击波、矿井火风压等作用，改变了矿井通风网络中局部或者全部正常风流方向的现象。

（十六）风流短路，是指用打开风门或者挡风墙等方法，将进风巷道风流直接引向回风巷的做法。

（十七）水幕，是指通过高压水流和在巷道中安设的多组喷嘴，喷出的水雾所形成的覆盖巷道全断面的屏障。

（十八）密闭，是指为隔断风流而在巷道中设置的隔墙。

（十九）临时密闭，是指为隔断风流、隔绝火区而在巷道中设置的临时构筑物。

（二十）防火门，是指井下防止火灾蔓延和控制风流的安全设施。

（二十一）局部反风，是指在矿井主要通风机正常运转的情况下，利用通风设施，使井下局部区域风流反向流动的方法。

（二十二）风门，是指在巷道中设置的关闭时阻隔风流、开启时行人和车辆通过的通风构筑物。

（二十三）锁风，是指在启封井下火区或者缩小火区范围时，为阻止向火区进风，采取的先增设临时密闭、再拆除已设密闭，在推进过程中始终保持控制风流的一种技术方法。

（二十四）直接灭火，是指用水、干粉或者化学灭火剂、惰性气体、砂子（岩粉）等灭火材料，在火源附近或者一定距离内直接扑灭矿井火灾。

（二十五）隔绝灭火，是指在联通矿井火区的所有巷道内构筑密闭（防火墙），隔断向火区的空气供给，使火灾逐渐自行熄灭。

（二十六）均压灭火，是指利用矿井通风手段，调节矿井通风压力，使火区进、回风侧风压差趋向于零，从而消除火区漏风，使矿井火灾逐渐熄灭。

（二十七）综合灭火，是指采用封闭火区、火区均压、向火区灌注泥浆或者注入惰性气体等多种灭火措施配合使用的灭火方法。

（二十八）防水墙，是指在矿井受水害威胁的巷道内，为防止井下水突然涌入其他巷道而设置的截流墙。

第一百七十二条 本规程自2024年7月1日起施行。

附　　录

附录 1

矿山救援大队基本装备

类别	装备名称	要求及说明	单位	数量
救援车辆	指挥车	附有应急警报装置，通过性能好	辆	2
	气体分析化验车	安装气体分析仪器，配有打印机和电源	辆	1
	装备车	满足救援装备运输需要	辆	1

矿山救援大队基本装备（续）

类别	装备名称	要求及说明	单位	数量
通信器材	视频指挥系统	双向可视、可通话	套	1
	录音电话	值班室配备	部	1
	对讲机	便携式，采用370 MHz的 PDT 集群制式，支持常规模式	部	6
灭火装备	高倍数泡沫灭火机	泡沫倍数 ≥ 500 倍，发泡量 ≥ 200 m^3/min	套	1
	惰性气体灭火装置	N_2、CO_2等	套	1
	快速密闭	喷涂、充气、轻型组合均可	套	4

矿山救援大队基本装备（续）

类别	装备名称	要求及说明	单位	数量
排水设备	潜水泵	流量≥200 m^3/h，扬程满足服务区域矿井排水需要	台	2
	高压软体排水管	耐磨、阻燃、防静电，规格参数与所配潜水泵配套，工作压力≥4.5 MPa	m	1000
	泥沙泵	适应服务区域矿井抽排泥沙需要	台	2
检测仪器	气体分析化验设备	分析 O_2、N_2、CO_2、CO、CH_4、C_2H_6、C_3H_8、C_2H_4、C_2H_2、H_2、SO_2、H_2S、NO_2 等矿井空气和各种灾变气体浓度	套	1

矿山救援大队基本装备(续)

类别	装备名称	要求及说明	单位	数量
检测仪器	便携式气体分析化验设备	分析 O_2、N_2、CO_2、CO、CH_4、C_2H_6、C_3H_8、C_2H_4、C_2H_2、H_2 等矿井空气和主要灾变气体浓度	套	1
	氢氧化钙化验设备	检测氢氧化钙的水分含量、二氧化碳吸收率、粉尘率等	套	1
	热成像仪	本质安全型	台	2
	生命探测仪	探测埋压、被困的遇险人员，探测距离≥10 m	套	2
	氧气呼吸器校验仪	检测校验氧气呼吸器性能和技术参数	台	2

矿山救援大队基本装备（续）

类别	装备名称	要求及说明	单位	数量
训练设备	演习巷道设施与系统	能够模拟灾区环境与条件	套	1
	心理素质训练设备	高空组合、独立和地面组合、独立拓展训练器材等	套	1
	多功能体育训练器械	含跑步机、臂力器、体能综合训练器械等	套	1
	多媒体电教设备	满足多媒体教学、培训等需要	套	1

矿山救援大队基本装备（续）

类别	装备名称	要求及说明	单位	数量
信息处理设备	传真机		台	1
	复印机		台	1
	台式计算机	指挥员、管理机构人员配备	台/人	1
	打印机	指挥员、管理机构人员配备	台/人	1
	笔记本电脑	配无线网卡	台	2
	数码摄像机	防爆	台	2
	数码照相机	防爆	台	2

矿山救援大队基本装备（续）

类别	装备名称	要求及说明	单位	数量
工具药剂	防爆射灯	便携式，连续放电时间≥8 h	台	2
	破拆、支护工具	具备剪切、扩张、破碎、切割、起重、支护等功能	套	1
	氢氧化钙	满足《隔绝式氧气呼吸器和自救器用氢氧化钙技术条件》要求	t	0.5
	泡沫药剂	高倍数泡沫灭火机使用，泡沫稳定时间≥30 min	t	0.5

附录 2

独立中队和大队所属中队基本装备

类别	装备名称	要求及说明	单位	数量	
				独立中队	大队所属中队
救援车辆	指挥车	附有应急警报装置，通过性能好	辆	1	
	气体分析化验车	安装气体分析仪器，配有打印机和电源	辆	1	
	装备车	满足救援装备运输需要	辆	1	
通信器材	灾区电话	防爆，双向音频实时通信	套	2	2
	录音电话	值班室配备	部	1	1
	对讲机	便携式，采用370 MHz的 PDT 集群制式，支持常规模式	部	4	

独立中队和大队所属中队基本装备（续）

类别	装备名称	要求及说明	单位	数量	
				独立中队	大队所属中队
个体防护	4 h 氧气呼吸器	正压	台	6	6
	2 h 氧气呼吸器	或者 4 h 氧气呼吸器，正压	台	6	6
	自动苏生器	便携式	台	2	2
	自救器	隔绝式，额定防护时间 ≥ 30 min	台	20	20

独立中队和大队所属中队基本装备（续）

类别	装备名称	要求及说明	单位	数量	
				独立中队	大队所属中队
灭火装备	高倍数泡沫灭火机	泡沫倍数≥500 倍，发泡量≥200 m^3/min	套	1	1
	快速密闭	喷涂、充气、轻型组合均可	套	2	
	干粉灭火器	8 kg	个	20	20
	风障	面积≥4 m×4 m，棉质	块	2	2
	水枪	开花、直流各 2 个	支	4	4
	水龙带	直径 63.5 mm 或者 51.0 mm	m	400	400

独立中队和大队所属中队基本装备（续）

类别	装备名称	要求及说明	单位	数量	
				独立中队	大队所属中队
排水装备	潜水泵	流量≥200 m^3/h，扬程满足服务区域矿井排水需要	套	1	
	高压软体排水管	耐磨、阻燃、防静电，规格参数与所配潜水泵配套，工作压力≥4.5 MPa	m	500	
检测仪器	氧气呼吸器校验仪	检测校验氧气呼吸器性能和技术参数	台	2	2

独立中队和大队所属中队基本装备（续）

类别	装备名称	要求及说明	单位	数量	
				独立中队	大队所属中队
检测仪器	便携式气体分析化验设备	分析 O_2、N_2、CO_2、CO、CH_4、C_2H_6、C_3H_8、C_2H_4、C_2H_2、H_2 等矿井空气和主要灾变气体	套	1	1
	便携式氧气检测仪	数字显示，带报警功能	台	2	2
	红外线测温仪	本质安全型	台	1	1
	氢氧化钙化验设备	检测氢氧化钙的水分含量、二氧化碳吸收率、粉尘率等	套	1	

独立中队和大队所属中队基本装备（续）

类别	装备名称	要求及说明	单位	数量	
				独立中队	大队所属中队
检测仪器	热成像仪	本质安全型	台	1	
	红外线测距仪	本质安全型	台	1	1
	多参数气体检测仪	可检测 CH_4、CO、O_2 等三种以上气体	台	1	1
	瓦斯检定器	量程为10%、100%的各2台	套	4	4
	多种气体检定器	配备 CO、CO_2、O_2、H_2S、NO_2、SO_2、NH_3、H_2 检定管各30支	套	2	2

独立中队和大队所属中队基本装备（续）

类别	装备名称	要求及说明	单位	数量	
				独立中队	大队所属中队
检测仪器	风表	满足中、低速风速测量	套	4	4
	秒表	机械式	块	4	4
	干湿温度计	适用井下环境	支	2	2
	温度计	0 ℃～100 ℃	支	10	10
工具备品	破拆、支护工具	具备剪切、扩张、破碎、切割、起重、支护等功能	套	1	1
	防爆工具	锤、斧、镐、锹、钎、起钉器等	套	2	2

独立中队和大队所属中队基本装备（续）

类别	装备名称	要求及说明	单位	数量	
				独立中队	大队所属中队
工具备品	防爆射灯	便携式，连续放电时间≥8 h	台	1	
	氧气充填泵	氧气充填室配备	台	2	2
	氧气瓶	容积 40 L，压力≥10 MFa	个	8	8
		氧气呼吸器每台备用	个/台	1	1
		自动苏生器每台备用	个/台	1	1
	救生索	长 30 m，抗拉强度≥30C0 kg	条	1	1

独立中队和大队所属中队基本装备（续）

类别	装备名称	要求及说明	单位	数量	
				独立中队	大队所属中队
工具备品	担架	含2副负压多功能担架，铝合金管、棉质	副	4	4
	保温毯	棉质	条	4	4
	绝缘手套		副	3	3
	电工工具	钳子、电工刀、活扳手、螺丝刀、测电笔等	套	2	2
	冰箱（冰柜）	容积≥150 L	台	1	1

独立中队和大队所属中队基本装备（续）

类别	装备名称	要求及说明	单位	数量	
				独立中队	大队所属中队
工具备品	瓦工工具	瓦工刀、桃铲、抹子、托灰板、刨锛等	套	2	2
	灾区指路器	或者冷光管	个	10	10
	引路线	阻燃、防静电、抗拉	m	1000	1000
	救援三脚架	包括绳索、安全带等装置	套	1	1

独立中队和大队所属中队基本装备（续）

类别	装备名称	要求及说明	单位	数量	
				独立中队	大队所属中队
训练设备	演习巷道设施与系统	能够模拟灾区环境与条件	套	1	
	体能综合训练器械	可进行引体向上、爬绳、力量、跳高、跳远、跑步等训练	套	1	1
	多媒体电教设备	满足多媒体教学、培训等需要	套	1	

独立中队和大队所属中队基本装备（续）

类别	装备名称	要求及说明	单位	数量	
				独立中队	大队所属中队
信息处理设备	传真机		台	1	
	复印机		台	1	
	台式计算机	指挥员、独立中队管理机构人员配备	台/人	1	1
	打印机	指挥员、独立中队管理机构人员配备	台/人	1	1
	笔记本电脑	配无线网卡	台	1	1

独立中队和大队所属中队基本装备（续）

类别	装备名称	要求及说明	单位	数量	
				独立中队	大队所属中队
信息处理设备	数码摄像机	防爆	台	2	1
	数码照相机	防爆	台	2	1
药剂	氢氧化钙	满足《隔绝式氧气呼吸器和自救器用氢氧化钙技术条件》要求	t	0.5	0.5
	泡沫药剂	高倍数泡沫灭火机使用，泡沫稳定时间≥30 min	t	0.5	0.5

附录 3

矿山救援小队基本装备

类别	装备名称	要求及说明	单位	数量
救援车辆	矿山救援车	附有应急警报装置，通过性能好	辆	1
通信器材	灾区电话	防爆，双向音频实时通信	套	1
个体防护	矿灯	本质安全型，配灯带	盏	2
	4 h 氧气呼吸器	正压	台	1
	2 h 氧气呼吸器	或者 4 h 氧气呼吸器，正压	台	1
	自动苏生器	便携式	台	1

矿山救援小队基本装备（续）

类别	装备名称	要求及说明	单位	数量
灭火器材	干粉灭火器	8 kg	台	2
	风障	面积≥4 m×4 m，棉质	块	1
	帆布水桶	棉质	个	2
检测仪器	氧气呼吸器校验仪	检测校验氧气呼吸器性能和技术参数	台	1
	瓦斯检定器	量程为 10%、100% 的各 1 台	台	2
	多种气体检定器	配备 CO、O_2、H_2S、H_2 检定管各 30 支	台	1
	便携式氧气检测仪	数字显示，带报警功能	台	1

矿山救援小队基本装备（续）

类别	装备名称	要求及说明	单位	数量
检测仪器	多参数气体检测仪	可检测 CH_4、CO、O_2 等三种以上气体	台	1
	风表	满足中、低速风速测量	套	1
	秒表	机械式	块	1
	红外线测温仪	本质安全型	台	1
	温度计	0 ℃～100 ℃	支	2
工具备品	氧气瓶	氧气呼吸器备用	个	4
	灾区指路器	或者冷光管	个	10
	引路线	阻燃、防静电、抗拉	m	1000

矿山救援小队基本装备（续）

类别	装备名称	要求及说明	单位	数量
工具备品	担架	铝合金管、棉质	副	1
	采气样工具	包括球胆 4 个	套	2
	保温毯	棉质	条	1
	液压起重器	或者起重气垫	套	1
	刀锯	锯头≥400 mm	把	2
	防爆工具	锤、斧、镐、锹、钎、起钉器等	套	1
	电工工具	钳子、电工刀、活扳手、螺丝刀、测电笔等	套	1

矿山救援小队基本装备（续）

类别	装备名称	要求及说明	单位	数量
工具备品	瓦工工具	瓦工刀、桃铲、抹子、托灰板、刨锛等	套	1
	皮尺	10 m	个	1
	卷尺	2 m	个	1
	钉子包	内装常用钉子各 1 kg	个	2
	信号喇叭	一套至少 2 个	套	1
	绝缘手套		副	2
	救生索	长 30 m，抗拉强度≥3000 kg	条	1
	探险棍	轻便、防爆	个	1

矿山救援小队基本装备（续）

类别	装备名称	要求及说明	单位	数量
工具备品	负压夹板	或者充气夹板	副	1
	急救箱	内装止血带、夹板、绷带、胶布、药棉、镊子、剪刀、碘伏、消炎药、医用手套、伤病人员标识卡等	个	1
	记录工具	记录笔、本各2个	套	2
	备件袋	内装防雾液、易损易坏件等	个	1

附录 4

兼职矿山救援队基本装备

类别	装备名称	要求及说明	单位	数量
通信器材	灾区电话	防爆，双向音频实时通信	套	1
个体防护	4 h 氧气呼吸器	正压	台	1
	2 h 氧气呼吸器	或者 4 h 氧气呼吸器，正压	台	1
	自救器	隔绝式，额定防护时间≥30 min	台	20
	自动苏生器	便携式	台	2
灭火器材	干粉灭火器	8 kg	台	10
	风障	面积≥4 m×4 m，棉质	块	2

兼职矿山救援队基本装备（续）

类别	装备名称	要求及说明	单位	数量
检测仪器	氧气呼吸器校验仪	检测校验氧气呼吸器性能和技术参数	台	2
	多种气体检定器	配备 CO、O_2、H_2S、H_2 检定管各 30 支	台	2
	瓦斯检定器	量程为 10%、100% 的各 1 台（金属非金属矿山救援队可不配备）	台	2
	便携式氧气检测仪	数字显示，带报警功能	台	1
	温度计	0 ℃ ~ 100 ℃	支	2

兼职矿山救援队基本装备（续）

类别	装备名称	要求及说明	单位	数量
工具备品	引路线	阻燃、防静电、抗拉	m	1000
	采气样工具	包括球胆 4 个	套	1
	氧气充填泵	氧气充填室配备	台	1
	氧气瓶	容积 40 L，压力≥10 MPa	个	5
		氧气呼吸器配套气瓶	个	20
		自动苏生器配套气瓶	个	2
	救生索	长 30 m，抗拉强度≥3000 kg	条	1
	担架	含 1 副负压担架，铝合金管、棉质	副	2

兼职矿山救援队基本装备（续）

类别	装备名称	要求及说明	单位	数量
工具备品	保温毯	棉质	条	2
	绝缘手套		副	1
	刀锯	锯头≥400 mm	把	1
	防爆工具	锤、斧、镐、锹、钎、起钉器等	套	1
	电工工具	钳子、电工刀、活扳手、螺丝刀、测电笔等	套	1
药剂	氢氧化钙	满足《隔绝式氧气呼吸器和自救器用氢氧化钙技术条件》要求	t	0.5

附录5

矿山救援队应急救援人员个人基本装备

类别	装备名称	要求及说明	单位	数量
个体防护	4 h 氧气呼吸器	正压	台	1
	自救器	隔绝式，额定防护时间≥30 min	台	1
	救援防护服	反光标志和防静电、阻燃等性能符合国家和行业相关标准	套	1
	胶靴	防砸、防刺穿、防静电/绝缘	双	1
	毛巾	棉质	条	1
	安全帽	阻燃、抗冲击、侧向刚性、防静电/绝缘	顶	1
	矿灯	本质安全型，配灯带	盏	1

矿山救援队应急救援人员个人基本装备（续）

类别	装备名称	要求及说明	单位	数量
装备工具	手表（计时器）	机械式，副小队长及以上指挥员配备	块	1
	手套	布手套、线手套、防割刺手套各1副	副	3
	背包	装救援防护服，棉质或者其他防静电布料	个	1
	联络绳	长2 m	根	1
	氧气呼吸器工具	氧气呼吸器配套使用	套	1
	记录工具	记录笔、本、粉笔各1个	套	1

附录 6

矿山救援小队进行矿井灾区探察携带基本装备

类别	装备名称	要求及说明	单位	数量
通信器材	灾区电话	防爆，双向音频实时通信	台	1
个体防护	2 h 或者 4 h 氧气呼吸器	正压	台	1
	自动苏生器	便携式，可放在井下基地	台	1
检测仪器	瓦斯检定器	量程为 10%、100% 的各 1 台	台	2
	多种气体检定器	配备 CO、O_2、H_2S、H_2 检定管各 30 支	套	1
	采气样工具	包括球胆 4 个	套	1

矿山救援小队进行矿井灾区探察携带基本装备（续）

类别	装备名称	要求及说明	单位	数量
检测仪器	温度计	0 ℃～100 ℃	支	1
	便携式氧气检测仪	数字显示，带报警功能	台	1
装备工具	担架	铝合金管、棉质	副	1
	保温毯	棉质	条	1
	氧气瓶	与 4 h 氧气呼吸器配套	个	2
	刀锯	锯头≥400 mm	把	1
	铜顶斧	防爆	把	1
	两用锹	防爆	把	1

矿山救援小队进行矿井灾区探察携带基本装备（续）

类别	装备名称	要求及说明	单位	数量
装备工具	探险棍	轻便、防爆	个	1
	灾区指路器	或者冷光管	个	10
	引路线	阻燃、防静电、抗拉，用有线电话线引路的可不携带	m	500
	皮尺	10 m	个	1
	急救箱	小队急救箱	个	1
	记录工具	记录笔、本各1个	套	2
	电工工具	钳子、电工刀、活扳手、螺丝刀、测电笔等	套	1

矿山救援小队进行矿井灾区探察携带基本装备（续）

类别	装备名称	要求及说明	单位	数量
个人装备	应急救援人员个人基本装备	见附录 5		
注：必要时，携带风表、红外线测温仪、红外线测距仪、热成像仪等装备				

附录 7

应急救援登记卡（样式）

填报单位：　　　　　　　　　　　　　　　　上报日期：

事故单位名称					
事故发生地点			事故类别		
遇险人数			生还人数		
遇难人数			失踪人数		
接警时间	月　日　时　分	通知人及单位			
出动时间	月　日　时　分	出动小队		带队指挥员	

应急救援登记卡（样式）（续）

返回驻地时间	月　日　时　分	出动人数		救援队负责人	
事故现场情况（简述）					
应急救援情况（简述）					

应急救援登记卡（样式）（续）

经验与教训（简述）					
佩带氧气呼吸器时间	h	本队救出生还人数		本队救出遇难人数	
佩用氧气呼吸器时间	h	恢复巷道	m		
其他有关情况					

填表人姓名：　　　负责人（签章）：　　　填报单位盖章

附录 8

防爆密闭墙最小厚度

井巷断面/m^2	水砂充填墙/m	石膏（粉煤灰、胶凝剂）充填墙/m	砂袋墙/m
≤5	5	2. 5	5
5~7. 5	5~8	2. 5~3	5~6
7. 5~10. 5	8~10	3~3. 5	6~7
10. 5~14	10~15	3. 5~4	7~8

附录 9

应急救援人员在高温巷道持续作业限制时间

巷道内温度/℃	40	45	50	55	60
持续作业时间/min	25	20	15	10	5

附录10

矿山救援中队基本急救器材清单

器材名称	单位	数量	备注
模拟人	套	1	
背夹板	副	4	
负压夹板	套	3	或者充气夹板
颈托	副	6	大、中、小号各2副
聚酯夹板	副	10	或者木夹板
止血带	个	20	
三角巾	块	20	
绷带	m	50	
剪子	个	5	

矿山救援中队基本急救器材清单（续）

器材名称	单位	数量	备注
镊子	个	10	
口式呼吸面罩/隔离膜	个	5/50	口对口人工呼吸用面罩
医用手套	副	20	
开口器	个	6	
夹舌器	个	6	
伤病卡	张	100	
相关药剂		若干	碘伏、消炎药等
急救箱	个	1	
防护眼镜	副	3	
医用消毒大单	条	2	

附录 11

矿山救援小队基本急救器材清单

器材名称	单位	数量	备注
颈托	副	2	可调试
聚酯夹板	副	2	
三角巾	块	10	
绷带	m	5	
消炎消毒药水	瓶	2	酒精、碘伏等
药棉	卷	2	
剪子	个	1	
衬垫	卷	5	

矿山救援小队基本急救器材清单（续）

器材名称	单位	数量	备注
冷敷药品	份	2	
口式呼吸面罩/隔离膜	个	2/20	
医用手套	副	2	
夹舌器	个	1	
开口器	个	1	
镊子	个	2	
止血带	个	5	
无菌敷料	份	10	或者无菌纱布

ISBN 978-7-5237-0560-5

9 787523 705605 >

定价：29.00 元